神奇的新能源

核 能

郑永春　主编

中国科学院上海应用物理研究所　邹杨　张林娟　审定

南宁市金号角文化传播有限责任公司　绘

广西教育出版社

南宁

神奇的新能源
编委会
（排序不分先后）

序言

新能源，新希望

——写给孩子们的新能源科普绘本

　　20世纪六七十年代，"人类终将面临能源危机"的论调十分流行。那时，作为"工业血液"的石油，是人类最主要的能源之一。而石油的形成至少需要两百万年的时间。有科学家预测，在不久的将来，石油会消耗殆尽。然而，半个世纪过去了，当时预测的能源危机并没有到来，这其中，科技进步带来的新能源及传统能源的新发现起到了不可估量的作用。

　　一、传统能源的新发现。传统能源包括煤、石油和天然气等。随着科技的发展，人们发现，除曾被世界公认为石油产量最高的中东地区外，在南美洲、北极和许多海域的海底均发现了新的大油田。而且，除了油田，有些岩石里面也藏着石油（页岩油）。美国因为页岩油的发现，从石油进口国变成了出口国。与此同时，俄罗斯、中国等国也发现了千亿立方米级的天然气田，天然气已然成为重要的能源之一。

　　二、新能源的开发。随着科技的发展，人们发现了一些不同于传统能源的新能源。科学家在海底发现了一种可以燃烧的"冰"（天然气水合物），这种保存在深海低温环境下的天然气水合物一旦开采成功，可为人类提供大量的能源。氢是自然界最丰富的元素之一，氢能作为一种清洁能源，有望消除矿物经济所造成的弊端，进而发展一种新的经济体系。核电站利用原子核裂变释放的能量进行发电，清洁高效，可以大大降低碳排放量；但核电站也面临铀矿资源枯竭和核燃料废弃物处理及辐射防护等问题，给社会长远发展带来一定的风险。除已成熟的核裂变发电技术外，人类还在积极开发像太阳那样的核聚变反应技术，绿色无污染的可控核聚变能将为解决人类能源危机提供终极方案。

　　三、可再生能源的利用。可再生能源包括我们熟悉的太阳能、风能、水能、生物质能、地热能等。一些自然条件比较恶劣的地区，如中国西北的戈壁荒漠地区，往往是风能和太阳能资源丰富的地方，在这些地区进行风力和太阳能发电，有助于发展当地经济、提高人们生活水平。在房子的阳台和屋顶，可以安装太阳能发电装置和太阳能热水器，供家庭使用。大海不仅为人类提供优质的海产品，还蕴藏着丰富的能源：海上的风、海面的波浪、海边的潮汐都可以用来发电。地球上的植物利用太阳光进行光合作用，茁壮生长。每到秋天，森林里会有大量的枯枝落叶，田间地头堆积着大量的秸秆、玉米芯、稻壳等农林废弃物，这些被称为生物质的东西通常会被烧掉，不仅污染空气，还会造成资源的浪费。现在，科学家正在将这些生物质变废为宝，生产酒精、柴油、航空燃油以及诸多化学品等。

四、储能技术与节能减排。除开发新能源和新技术外，能源的高效储存、节能减排和能源的综合利用也一样重要。在现代生活中，计算机等行业已经成为耗能大户。然而，计算机在运行时，大量的能源消耗并没有用于计算，而是变成了热量；与此同时，需要耗电为计算机降温。科学家正在研发新的计算技术，让计算机产生的热量大大减少。我们可以提升房屋的保温性能，以减少采暖和空调用电；可以将白炽灯换为节能灯；也可以将垃圾分类进行回收利用，践行绿色低碳的生活方式。

总之，对于未来能源，我们持乐观态度。这套新能源主题的科普彩绘图书，就是专门写给孩子们的，内容包括太阳能、风能、水能、核能、地热能、可燃冰、生物质能、氢能等。我们希望通过这套图书，告诉孩子们为什么要发展新能源，新能源的开发和利用的现状如何，未来还面临着哪些问题。

希望孩子们学习新能源的科学知识，从小养成节约能源的习惯，为保护地球做出贡献。因为，我们只有一个地球。

郑永春　徐莹

2020 年 10 月

目 录

认识核能

20 世纪是一个科技成果丰硕的世纪，它的伟大科技成果之一是人们打开了核能利用的大门。下面让我们来认识什么是核能吧！

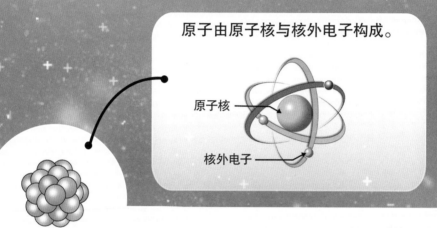

原子由原子核与核外电子构成。

原子核

核外电子

核能是通过核反应从原子核中释放出来的能量，又称原子能。核反应包括核裂变反应和核聚变反应两种。

核裂变

重核分裂成质量较小的核。

核聚变

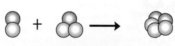

轻核聚合成质量较大的核。

你知道吗？

● 贝克勒尔和居里夫妇对天然放射性现象的发现与研究，使人们认识到原子核内蕴藏着巨大的能量。

1

原子核裂变释放能量

在原子核裂变反应中，原子核的分裂是原子核释放能量的"通道"。

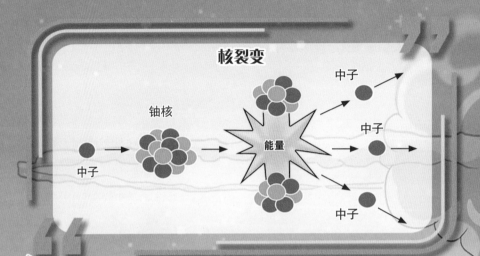

一个入射中子能使一个铀核分裂成两块具有中等质量的碎片，同时释放出巨大的能量和两三个中子。

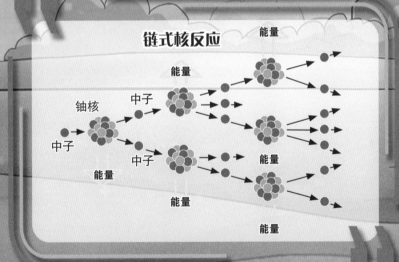

扫一扫，观看核裂变和链式核反应过程。

这些中子又能促使其他铀核分裂，产生更多的中子，进而分裂更多的铀核。这种链式反应可以在瞬间使铀核大量分裂，同时释放巨大的能量。

不可控核裂变——原子弹

如果不对裂变的链式反应加以控制，那么核裂变会在极短时间内释放出大量的能量，发生猛烈爆炸，原子弹就是根据这个原理制成的。

1945 年，人类历史上第一颗原子弹在美国新墨西哥州阿拉默多尔空军基地的沙漠地区爆炸成功，其威力相当于约 2 万吨 TNT 炸药。

1964 年 10 月 16 日，我国自行研制的第一颗原子弹在新疆罗布泊爆炸成功。

新中国成立后，我国科学家在物质、技术基础都十分薄弱的条件下，在较短的时间内成功地研制出了"两弹一星"，创造了非凡的科技奇迹。经过几代人的不懈努力，现在我国已成为少数独立掌握核武器技术的国家之一，并在某些关键技术领域走在世界前列。

与原子核裂变反应相比，原子核聚变反应正好相反，它是由较轻的原子核聚合到一起，形成比较重的原子核的核反应。

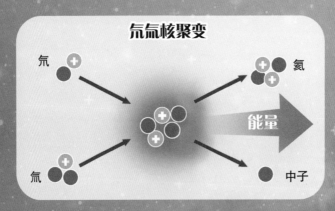

氘氚核聚变

氘

氚

氦

能量

中子

扫一扫，观看原子核聚变喷发能量的过程。

铀 235 核裂变与氘氚核聚变的对比

核裂变

原料：铀 235

原料储量：不丰富

生成物：乏燃料（有放射性）

释放能量：

1 千克铀 235 裂变 ≈ 2500 吨标准煤燃烧

核聚变

原料：氘、氚

原料储量：氘的储量丰富，但氚需要人工制造，制造成本较大

生成物：氦（无放射性）

释放能量：

1 千克氘氚混合物聚变 ≈ 5 千克铀 235 裂变

核聚变是解决人类未来多个世纪的能源需求的主要途径之一。

你 知 道 吗 ？

● 太阳就是靠核聚变产生热量的。太阳内部有许多可转换的氢原子，它们在聚变成氦原子的过程中会释放出许多能量并通过太阳的各种活动挥发出去。

不可控核聚变——氢弹

要使轻核发生聚变，需使之获得足够的动能来克服它们之间的斥力"撞"到一起，而形成这样的环境需要几百万摄氏度以上的超高温。氢弹是通过原子弹爆炸所产生的高温、高压来引发核聚变的。

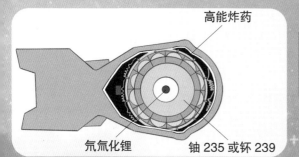

高能炸药

氘氚化锂　　　铀235或钚239

先用常规炸药爆炸挤压铀235或钚239，使之发生核裂变爆炸。

再利用核裂变爆炸产生的能量加热氘和氚。

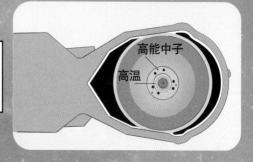

高能中子

高温

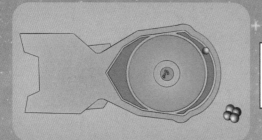

氘和氚等轻质原子核在高温、高压下发生聚变，瞬间释放出巨大的能量。

你知道吗？？？

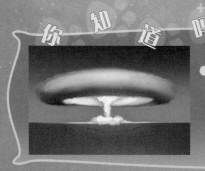

●氢弹是利用轻核聚变反应释放出的能量，造成杀伤破坏的核武器。氢弹的爆炸不可控，威力远远超过原子弹。

核能是魔鬼吗？

很多人认为核能是最危险的能源，事实真的是这样吗？

原子弹是人类利用核能的一个创举，可惜作为战争工具，在人们的心中留下了核恐怖的阴影。其实核能是一种安全、清洁的新能源，核电站就是人类和平利用核能的成功案例。

铀235含量90%以上   铀235含量约3%

原子弹   核电站

原子弹爆炸   核电站

简单来说，核电站不会像原子弹那样爆炸的原因主要有两个：

一是原子弹所装填的裂变物质铀235含量高达90%以上，而核电站所用的核原料中铀235含量只占3%左右。

二是原子弹有引爆装置，引发铀235链式反应，使原子弹瞬间爆炸；而核电站里使用各种控制方式，使得核燃料缓慢有序地释放出能量。

核能的优势

从环保的角度对核能与传统化石能源进行比较：化石能源以化学能的形式提供能量，排放物污染环境，会导致酸雨和温室效应；核反应不产生二氧化碳等物质，产生的核废料少，便于回收，对环境影响较小。

核能 化石能源

核能经济成本更低

一座百万千瓦级的燃煤发电厂每年要消耗约 300 万吨煤，每天燃烧的煤需要上百节火车皮运输，而百万千瓦级核电站全年的燃料只需要一辆重型卡车运输。因此，从原料运输方面来比较，核能经济成本更低。

☢是核辐射的标志，小朋友们，你们见过吗？让我们动动手，画出核辐射标志的形状，并涂上它的标志色吧！

核电站

我国现有的发电方式有火力发电、水力发电、风力发电、核能发电、太阳能发电等，目前火力发电占主导地位，但是由于火力发电存在能源不可再生、污染环境和效率低等缺点，发展其他清洁、高效率的发电方式势在必行！

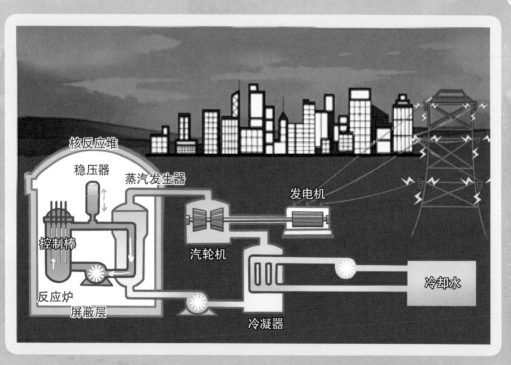

核电站是把原子核反应所释放的能量转换成电能的发电站。核电站的能量转化过程是：核能 → 热能 → 机械能 → 电能。目前核电站获得核能的途径是核裂变。

核电站的核心——核反应堆

　　核电站的核心装置是核反应堆，它是核电站产生能量的"锅炉"。核电站使用铀、钚等作为核燃料，核燃料在裂变过程中释放的能量由循环冷却水传递至蒸汽发生器，产生的蒸汽驱动汽轮机并带动发电机发电。我们来看看核电站的构造吧！

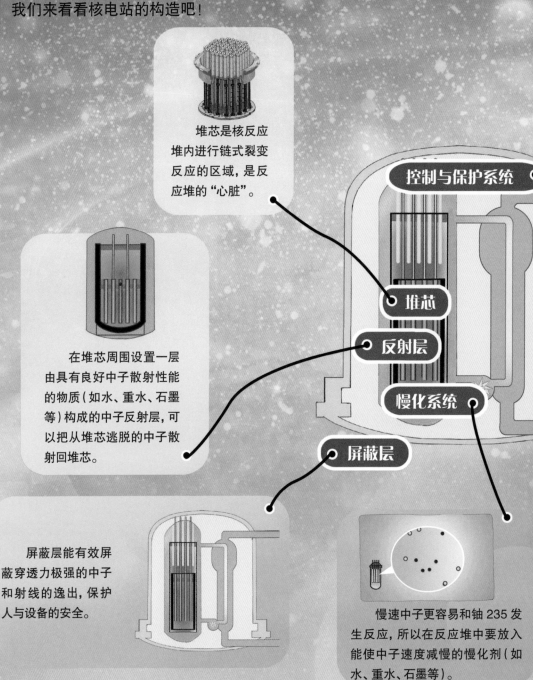

堆芯是核反应堆内进行链式裂变反应的区域，是反应堆的"心脏"。

在堆芯周围设置一层由具有良好中子散射性能的物质（如水、重水、石墨等）构成的中子反射层，可以把从堆芯逃脱的中子散射回堆芯。

控制与保护系统

堆芯

反射层

慢化系统

屏蔽层

屏蔽层能有效屏蔽穿透力极强的中子和射线的逸出，保护人与设备的安全。

慢速中子更容易和铀235发生反应，所以在反应堆中要放入能使中子速度减慢的慢化剂（如水、重水、石墨等）。

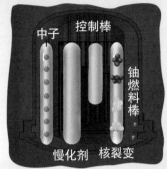

中子　控制棒

铀燃料棒

慢化剂　核裂变

控制与保护系统中用吸收中子的材料（常用硼、镉、铪、银等）做成控制棒，用以控制链式核反应的速度，使其保持在一个预定的水平上。

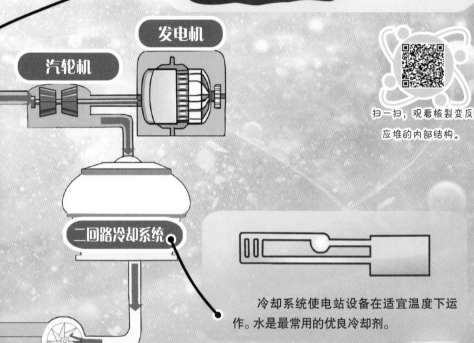

发电机

汽轮机

二回路冷却系统

扫一扫，观看核裂变反应堆的内部结构。

冷却系统使电站设备在适宜温度下运作。水是最常用的优良冷却剂。

你知道吗

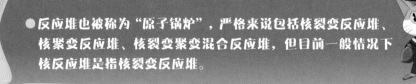

●反应堆也被称为"原子锅炉"，严格来说包括核裂变反应堆、核聚变反应堆、核裂变聚变混合反应堆，但目前一般情况下核反应堆是指核裂变反应堆。

核燃料是指在核反应堆中通过核裂变或核聚变产生实用核能的材料。发生裂变反应的核燃料，主要是铀和钚；发生聚变反应的核燃料，主要有氘、氚等。下面我们来解锁核裂变燃料的奥秘吧！

什么是铀?

铀是一种稀有的放射性金属元素。铀矿是指含铀的天然矿石。

铀化学性质活泼，自然界不存在游离的金属铀

固态的铀金属表面呈银白色

U

金属铀能与除惰性气体外的所有非金属起作用

铀粉在空气中容易被氧化

铀为什么能用作核裂变燃料?

这是因为某些种类的铀原子核容易与中子发生反应而分裂。

你知道吗

● 天然铀存在于地壳的岩石和海水中。

● 尽管铀在地壳中的含量很高，但由于提取难度较大，所以发现得较晚。

● 虽然铀元素的分布相当广，但铀矿床的分布却很有限。

对铀矿石进行加工，目的是得到含铀较高的中间产品，再经过浓缩，即进行铀同位素的分离，得到浓度符合要求的浓缩铀。浓缩后的铀还要经过处理制作成不同形状和品质的元件，才能作为核燃料。

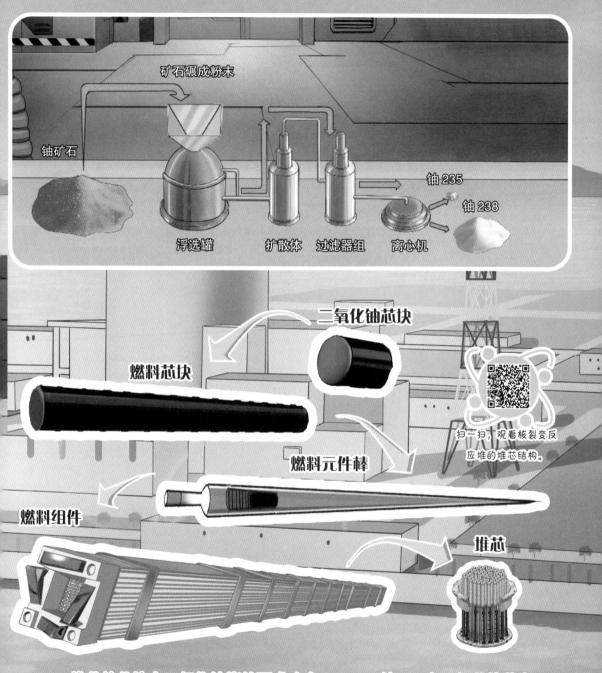

矿石碾成粉末

铀矿石

铀 235

铀 238

浮选罐　扩散体　过滤器组　离心机

二氧化铀芯块

燃料芯块

扫一扫，观看核裂变反应堆的堆芯结构。

燃料元件棒

燃料组件

堆芯

堆芯的芯块由二氧化铀烧结而成（含 2%~4% 铀 235），把芯块装在包壳管中，成为燃料元件棒，将 200 多根燃料元件棒按正方形排列，用定位格架固定，就组成了燃料组件，一般由 121~193 个燃料组件组成一个堆芯。

13

核电站与常规火电站都是利用高温高压蒸汽进行发电，将热能转化为电能。而核电站和常规火电站相比，有着非常大的优势。

不会排放巨量的污染物到大气中，因此核能发电不会造成空气污染。

不会产生加重地球温室效应的二氧化碳。

燃料费用所占的比例较低，且较不易受到国际经济情势影响，故发电成本较为稳定。

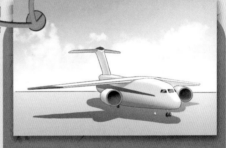

核燃料的能量密度比化石燃料高几百万倍，故核电站所使用的燃料体积小，运输与储存都较方便。

核电站厂址的选择

核电站厂址的选择关系到放射性物质对环境的影响和核废料的处理，因此选择一个理想的核电站厂址显得非常重要。

核电站无论是在正常运行还是在发生事故的情况下都需要保证供水，所以应将核电站建在海边或大江、大河、大湖附近。

充足的冷却水和淡水供应

比较稳定的地质结构

地质应是核电站选址时最优先考虑的因素。厂址一定要选在历史上地质活动相对稳定，离地震活动带较远的地方。

核电站应选在居民点主导风向下风地区，使其风速和风向有利于废气的扩散而不会影响到居民的生活。

稳定的气象环境

低人口密度

从核安全的角度，必须考虑到放射性事故导致过量辐射对公众所造成的影响。

靠近电力系统

可以减少输电费用，提高电力系统的可靠性和稳定性。

便利的交通

需要具备运输大件设备的通道，可以方便核电站建设期间的大件设备运输，同时也可以保证紧急情况下的人群撤离。

核电站的安全防护

核能是安全清洁的能源，但同时其放射性危害也一直备受关注。如果核电站发生泄漏事故，反应堆里的放射性物质外泄，就会造成环境污染并使公众受到辐射危害。下面我们来了解核电站对核辐射的防护工作吧！

核电站的外部辐射防护

距离防护

辐射源与工作人员之间的距离越大，单位时间内受到的辐射剂量就越小。因此，采用自动化技术等进行远距离操作，可大大减少工作人员受到的辐射剂量。

时间防护

尽量减少工作人员在辐射源附近逗留的时间，工作人员受到辐射的时间越短，损伤就越小。

屏蔽防护

将辐射源与工作人员工作区之间用对射线有吸收和减弱作用的材料隔开，可有效地防止人体受到过量辐射。

核电站的内部辐射防护

第一道：核燃料的芯块

核反应堆广泛采用耐高温、耐辐射和耐腐蚀的二氧化铀陶瓷核燃料芯块，这些核燃料芯块能保留住98%以上的放射性物质，使其不会逸出。

第二道：包壳管

二氧化铀陶瓷芯块被装入包壳管，叠成柱体，组成燃料元件棒，由锆合金或不锈钢制成的包壳管绝对密封，在长期运行的条件下能保证放射性物质不泄漏。

第三道：压力容器和封闭的回路系统

如果包壳管破损，这个屏障可以密封住从元件包壳管泄漏出来的放射性物质。

第四道：安全壳厂房

厂房采取双层壳体结构，其强度可以抵御一架飞机的撞击。万一反应堆发生严重事故，有安全壳这道屏障，对核电站外的人员和环境的影响也是极微小的。

我国的核电站发展

　　我国的核电站建设事业起步于20世纪70年代初，经过几十年的努力，已完成了从无到有的跨越，运行业绩良好。经过长期发展，核电已在我国初具规模。作为解决能源短缺、减轻环境污染的替代能源，核电已与火电、水电一起构成了我国电力系统的三大支柱。

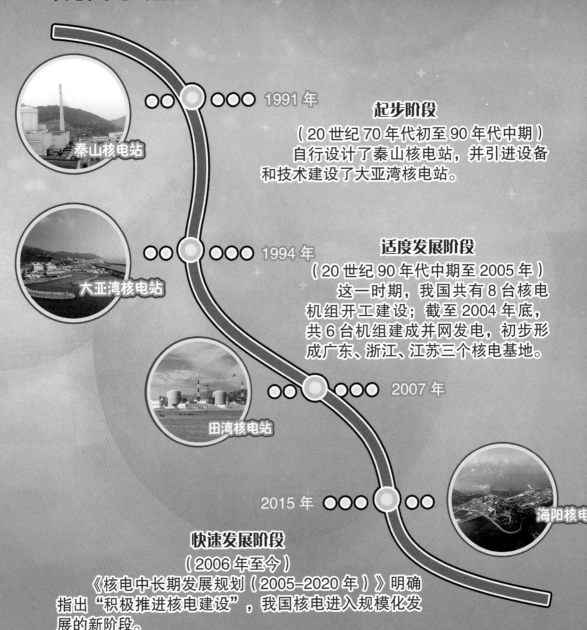

秦山核电站

1991 年

起步阶段

（20 世纪 70 年代初至 90 年代中期）
自行设计了秦山核电站，并引进设备和技术建设了大亚湾核电站。

大亚湾核电站

1994 年

适度发展阶段

（20 世纪 90 年代中期至 2005 年）
　　这一时期，我国共有 8 台核电机组开工建设；截至 2004 年底，共 6 台机组建成并网发电，初步形成广东、浙江、江苏三个核电基地。

田湾核电站

2007 年

2015 年

海阳核电

快速发展阶段

（2006 年至今）
《核电中长期发展规划（2005-2020 年）》明确指出"积极推进核电建设"，我国核电进入规模化发展的新阶段。

为避免核辐射危害，在核电站工作的工作人员会穿上核电工作服进行防护。核电站里的工作服和普通电站的工作服有什么区别，分别长什么样子，叫什么名字？让我们一起来看看吧！

铅衣

铅衣一般会和纸衣、气衣配套穿戴，穿在纸衣和气衣内。铅可以有效屏蔽放射性射线。辐照防护铅衣用铅胶皮制作而成，可以为在外照射的环境中工作的核电工作人员带来一定的防护和屏蔽作用。

纸衣

纸衣是比铅衣防护级别高一级的防护工作服，在不同工作区使用的颜色有所区分，穿脱也有严格的规定，手套的口要用胶带封住，脱时要防止接触放射性粉尘。纸衣通常是在表面污染的环境中使用，可以减少人体与放射性污染物接触。

气衣

气衣属于防护级别最高的防护工作服，可以保证衣服内部气压高于外部气压，不会直接吸入外界的气体，可以避免放射性物质进入人体内而带来内照射，为一次性防护用品。气衣适合在具有放射性污染的环境中使用，可防止放射性污染物进入人体内。

核电站的局限性

　　核电站在造福人类的同时，对人类和环境也具有一定的风险。

核安全事故

　　尽管核电站安全性极高，但在历史上仍然发生了数起核事故，给人类敲响了警钟。人们要汲取教训，改进核安全，加强核事故应急准备与响应，避免核事故的再次发生。

美国三里岛核事故

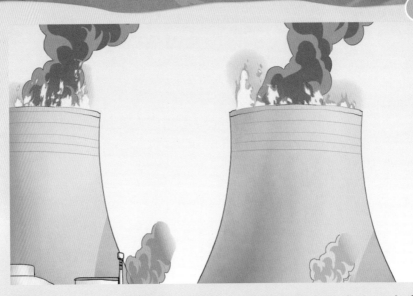

　　1979 年 3 月 28 日凌晨，美国的三英里岛核电站发生了人类历史上第一次核电站事故。值得庆幸的是，由于事故产生的巨大破坏力主要在反应堆内，此次事故对外界的辐射小，核电站内的工作人员无一伤亡，只有 3 人受到轻度过量剂量的照射。

苏联切尔诺贝利核事故

　　1986 年 4 月 26 日凌晨，切尔诺贝利核电站第四号反应堆爆炸，大量放射性物质泄漏。该事故被认为是历史上最严重的核事故。事故导致31 人当场死亡，数万人由于放射性物质远期影响而致病或死亡。事故发生后核电站方圆 30 千米内的十几万居民被迫疏散。

日本福岛第一核电站事故

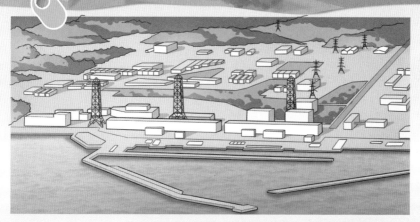

　　2011 年 3 月 11 日，日本福岛第一核电站发生核泄漏事故。此次核事故严重影响了附近居民的正常生活，事故当日日本方面要求以核电站为中心，将方圆 3 千米以内的居民进行紧急撤离，20 日时要求撤离方圆20 千米以内的居民。

核废料处理

核废料泛指在核燃料生产、加工和核反应堆中用过的不再需要的并具有放射性的废料。核废料具有极强的放射性，而且其半衰期长达数万年、数十万年，因此如何安全地处理核废料是人类面临的一个重大课题。

核废料和一般的燃料废料有什么区别，为什么要对它们进行特殊处理呢？

①放射性。核废料的放射性不能用一般的物理、化学等方法消除，只能靠其自身的衰变逐渐减弱。

②射线危害。核废料放出的射线穿过物质时发生电离和激发作用，会对生物体造成辐射损伤。

③热能释放。核废料中放射性核素通过衰变释放能量，当放射性核素含量较高时，释放的热能会导致核废料的温度不断上升，甚至使溶液沸腾、固体熔融。

核废料按放射性强弱可分为低放射性、中放射性和高放射性三种，按状态可分为废液、废气和固体废料三种。

实际的核废料中，约97%是中、低放射性废料

最需要关注的高放射性废料约占3%，绝大多数源于乏燃料

低放射性废料

受轻度污染的固体、液体和气体，如：衣服、手套、沐浴后的水等。

中放射性废料

核电站的固体和液体废料、废气，如：用过的反应堆组件及其零件。

高放射性废料

乏燃料经处理（提取有用物质）后剩下的废料。

中、低放射性废料的处理

废气一般具有中、低放射性，可以暂时压缩贮存让其自发衰变，或者采用活性炭过滤等方法处理使其达标，达标后可直接排放到大气环境中。

中、低放射性废液可采用过滤、离子交换等方法减小体积，并分离为可直接排放的净化液和需要封存的浓缩液。

中、低放射性固体和浓缩液需要打包封存，通过稳定固化处理（沥青化或水泥化）后浅层掩埋于地表。

高放射性废料和中、低放射性处理残余物的处理

高放射性废料和中、低放射性处理残余物必须经过最严格的固化处理（玻璃化或陶瓷化）后封存深埋于地底。

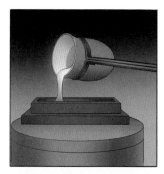

核废料玻璃化冷冻处理法

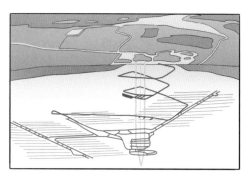

将核废料深埋于地底

核电站退役

核电站退役是指核电站设施使用期满或因其他原因停止服役后，为了充分考虑工作人员和公众的健康与安全及环境保护而采取的行动。退役的最终目的是实现厂址不受限制地开放和使用。

一座核电站退役应满足哪些条件呢？

①应具备所有必要的技术手段，包括一支经过良好训练的技术队伍。

②必须具备有一个取得许可证的废物处置库，以容纳退役时产生的所有废物。

③必须为退役项目的实施出台相应的法规。

目前国际原子能机构将核设施退役方法分为三种：立即拆除、安全封存和就地掩埋。

立即拆除：在核设施安全关闭后的几个月或几年内对部分部件进行去污和拆除。

安全封存：将核设施置于安全封存状态数十年（约30年），直至其放射性降至一定水平再进行去污和拆除。

就地掩埋：把核设施（包括所有放射性物质）就地永久性掩埋，无须拆除。

核能是把双刃剑，它给我们带来巨大的能量，同时如果发生核事故，又将给人类和平利用核能带来挑战。如果遇到核泄漏事故，公众应如何应对呢？

2. 听到警报后进入室内，关闭门窗。

1. 保持镇定，服从指挥。

4. 戴上口罩或用湿毛巾捂住口鼻。

3. 通过官方媒体了解事故情况或应急指挥部的指令，不轻信谣言。

5. 按指令服用碘片。

6. 按要求选择饮水和食物来源。

总结起来一句话: 听从指令, 有序行动。

可控核聚变发电的探索

人类已掌握核裂变发电技术，但核裂变需要的核燃料在地球上含量稀少，而且核裂变反应堆会产生衰变期长、放射性较强的核废料，这些因素限制了核裂变能源的发展。这就使得科学家们积极探寻另一种核能发电技术——可控核聚变发电。

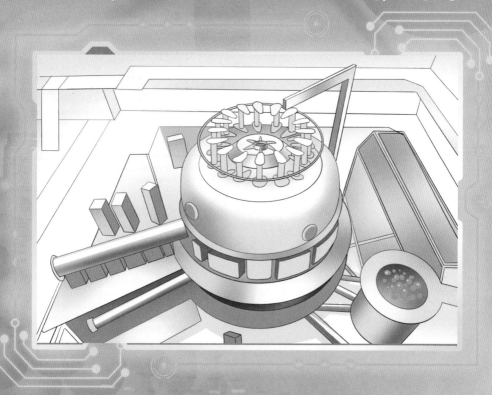

可控

这里说的可控是指人们可以控制核聚变的开启和停止，以及随时可以对核聚变的反应速度进行控制。

核聚变的优势

　　核裂变虽然能产生巨大的能量，但远远比不上核聚变。核裂变的燃料储量较为有限又产生辐射，而且核废料也很难处理。而核聚变的辐射则少得多，且核聚变的燃料可以说是取之不尽，用之不竭。

能量密度高

　　核聚变反应释放出大量的能量。1升海水中的氘通过聚变反应可释放出相当于300升汽油燃烧的能量。

原料足

　　核聚变原料储量十分丰富。地球上海水中所含的氘，如果用于核聚变反应，可供人类在很高的消费水平下使用50亿年。而用于生产氚的锂在地球上也有比较丰富的储量，且价廉。

无污染

　　氘氚核聚变反应的产物主要是比较稳定且无放射性的氦，反应过程中不排放温室气体和污染物。

可控核聚变的难点

我们每天看到的太阳，其内部就在连续不断进行着氢聚变成氦的过程。我们感受到的光和热，就是核聚变产生的。核聚变在太阳中已进行了几十亿年。而在地球上要实现可控核聚变却是一项极其困难的事情，这是为什么呢？

难点一　怎么把"火"点着?

要实现核聚变必须使核聚变燃料达到上亿摄氏度的高温，且使它们压缩到极高的密度，显然如此的高温、高压用传统方法无法达到。

难点二　怎么保证"锅"不被烧穿?

假设难点一解决了，但目前地球上没有任何材料能"约束"这样的高温、高压。

难点三　如何长时间稳定运行?

这是最大的难点，在前面两个严苛的条件下，如何保证长时间、稳定可控地进行核聚变反应？

你 知 道 吗 ?

●我国在可控核聚变技术方面处于世界领先地位，2017年中国科学院的可控核聚变装置稳定运行时间已经成功突破了100秒，刷新了世界纪录。

实现可控核聚变的思路

虽然困难，但是科学家们还是提出了实现可控核聚变的思路。这些思路是什么呢？

托卡马克装置

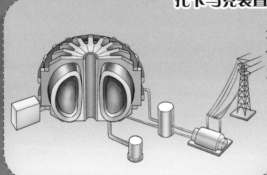

科学家们研发了托卡马克装置，通过巨大的螺旋型磁场，约束等离子体在密闭的环中高速旋转，并进一步加热到很高的温度，以达到核聚变的目的。

扫一扫，观看实现可控核聚变的思路。

由于该装置还难以长时间运行且建造成本高，离真正的商业运行还有相当长的距离。

惯性约束核聚变装置

科学家们还提出利用惯性约束原理，用多束激光同时照射一个核聚变燃料体，使其外层吸收能量后向外膨胀，产生的反作用力向内压迫形成高温、高压。

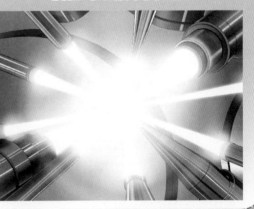

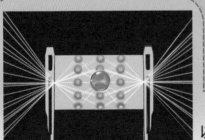

因现有激光束的能量不足且难以将多束激光聚焦于同一点，所以该方法的实现还可望而不可即。

我国的核聚变装置经历了从无到有，从小到大，从弱到强，再到现在的国际领先地位，你知道它的发展历程吗？

我国加入国际热核聚变实验堆（ITER）计划

超导托卡马克装置（EAST）在我国成功建成并投入运行

我国第一台大型核聚变装置"中国环流器一号"建成

2003 年

2006 年

1984 年

2015 年

2020 年

我国新一代可控核聚变研究装置"中国环流器二号 M"装置投入运行实验

世界第二大激光装置"神光Ⅲ"主机建成。我国成为第二个开展多束组激光惯性约束聚变实验研究的国家

你 知 道 吗 ？

● 国际热核聚变实验堆（ITER）计划是目前全球规模最大、影响最深远的国际科研合作项目之一，耗资 50 亿美元（1998 年市值）。ITER 装置是一个能产生大规模核聚变反应的超导托卡马克装置，俗称"人造太阳"。

来挑战吧

前面介绍了那么多关于可控核聚变装置的原理，相信你对它们有了一定的了解，但现有的装置都还没能真正投入商业运行。发挥你的想象，用你的画笔在画板中画出你心中最完美的核聚变装置，使它既能达到所需的高温、高压，也能承受这样的高温、高压。

核能的应用与前景

　　除了上述介绍的核武器、核电站等，你还知道哪些核技术吗？核技术其实离我们并不遥远，已逐渐运用到人类生活的各个领域。

农业

生命科学

工业

核技术应用

环境治理

公共安全

医学

你知道吗？？？

●由于核能的应用大多数具有放射性，所以我们在任何地方都要保持警觉，要自觉远离有核辐射标志的地方。

核技术与农业

核技术应用在农业上，可用于诱变育种、防治虫害，还可延长食品保鲜期等。

诱变育种

辐照育种培育的高产优良品种有："铁丰" 18 号大豆，"郑品麦" 8 号小麦，"原丰早" 水稻，"鲁棉" 1 号棉花，1139-3 水稻等。

虫害防治

辐照杀虫有两种方法：一种是直接杀死害虫，另一种是通过辐照使害虫不育，达到消灭害虫和保证产品质量的目的。

保鲜、消毒

辐照灭菌保鲜，可用于肉类及其制品、香料、调味品等；辐照灭菌消毒，可用于新鲜罐装液体饮料、医院病人和航天员所需的无菌食品等。

你知道吗？

● 我国采用重离子来诱变培育出了 1139-3 水稻，可早晚两季直接播种，不需要传统的育秧插秧过程，不仅大大减轻了农民的负担，而且稻种耐涝、耐虫，亩产高达 500 千克，经济效益好。

核技术与医学

核技术与现代医学相结合，可以帮助我们预防、诊断和治疗疾病。我们总是惧怕核技术对身体造成的放射性伤害，其实只要根据核技术的特点合理利用，核技术就能成为守卫我们健康的卫士。

治疗肿瘤

利用同位素、质子、中子及重离子对肿瘤进行的放射治疗，是目前临床上较为理想的治疗手段。

诊断心脑血管病以及肿瘤等

为心脑血管病、肿瘤等疾病提供早期诊断，为临床治疗提供依据。

检查胃肠道疾病

利用碳13、碳14同位素呼吸试验，可以在半小时内完成幽门螺杆菌感染诊断。

你知道吗？？？

● 你听说过质子治疗吗？质子治疗是放射治疗的一种，它的优点是可集中剂量，只瞄准病灶实施照射，降低了对正常组织的影响。质子治疗技术是目前世界上用于癌症治疗的方法中，技术最先进、对人体伤害最小的治疗方法之一。

核技术与工业

核技术在石油、船舶、水利、化工、电子、机械、冶金等领域也有重要应用。

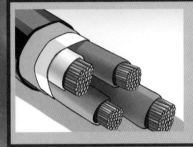

大多数电缆需要进行辐照处理。离子注入技术成为电子工业不可缺少的手段。

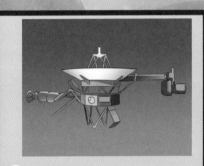

同位素电池（核电池）体积小巧，寿命长，为太空探测器、心脏起搏器等的可用能源。

世界上石油勘探中约有三分之一是核测井的贡献。

核技术与公共安全

每当我们去车站、飞机场、展览馆、博物馆等地方，都需要进行安检，这是核技术在公共安全领域发挥作用，保障人民生命财产安全的重要体现。

我国成功研制了多种型号的核检测系统，已应用到 2008 年北京奥运会、2010 年上海世界博览会、2019 年国际篮联篮球世界杯等大型活动的重要安保任务中。

据估计，目前世界上还埋有一亿多颗地雷，人们一直试图找到更好的方法来查找和排除它们。利用现代高新技术，开发新型探雷器备受关注。核技术为安全、快速进行地雷探测的有效手段之一。

地雷探测

核技术与环境治理

核技术目前已在大气环境治理、水环境治理、土壤环境治理、泥沙侵蚀环境治理等方面取得了令人振奋的成果，用核技术解决环境问题成为一种趋势，核技术在环境治理中所起到的作用也将越来越大。

废气

运用核技术对废气进行辐照处理，在有效去除具危害性物质（硫化物、氮化物等）的同时还能够生成有用的肥料。

废水

采用电子束辐射法来处理各种污水，可产生多种活性物质，使水中有机污染物分解或脱色；可以通过降低废水中的化学需氧量和生化需氧量，有效地杀死病菌、病毒等有害物质。

污泥

利用核技术处理污泥，可杀死污泥中的细菌、生物寄生虫卵等，还能促进脱水、沉淀和脱臭。处理后的污泥可以作为土壤改良剂、肥料和饲料补充剂。

形形色色的核电站

核电站能为我们提供源源不断的电能。形形色色的核电站已经在研究或应用中，让我们来了解一下吧！

太空核电站

太空核电站将核反应堆装在卫星上，采用高浓缩铀作为燃料，使卫星携带的燃料大大减少，体积也大大缩小，还采用了热电元件，能将核能直接转化为电能，使太空核电站的"体重"猛降到几十千克。

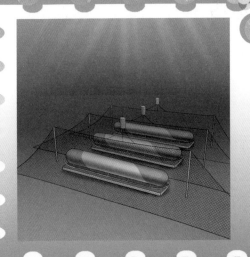

海底核电站

海底核电站特别适用于为海洋采油平台供电，可以做到近距离送电，还可以为其他远洋设施提供廉价的电能。海底核电站和陆地核电站的原理是一样的，但是海底核电站的工作条件要苛刻得多。

海上核电站

海上核电站可先在海港内建造，然后用大轮船像拖泊船一样将它拖向离海港不远的浅海区。海上核电站生产的电力可以通过海底电缆与岸上的电网接通，输送给用户。海上核电站的造价比陆地核电站低，且选址余地大。

地下核电站

地下核电站比地上核电站更安全。地下核电站一般建在石质或半石质地层中，属于中小型核电站。这种核电站在运行时基本不会危及周围环境，且核电站退役后也便于封存。

核动力潜艇

核动力潜艇是以核能为动力来源的潜艇。核动力装置能提供较高的功率，使潜艇获得高航速和长水下作业时间。

核动力航空母舰

核动力航空母舰具有巨大的动力优势，使航空母舰的机动性更强，能够高速驶向世界各海域。并且，核动力能使航空母舰节省出大量空间和载重吨位，也能减少对基地和后勤支援的依赖。

核动力火箭

　　核动力火箭就是用核能作为动力的火箭。核动力火箭无论是在动力上还是续航上，都比传统的火箭有着无可比拟的优势，所以核动力火箭是未来航空研制的新方向。

核动力飞船

　　目前的宇宙飞船使用化学燃料，推力大，但续航能力低，所以每次发射必须寻找合适的发射窗口，以便利用行星的引力来加速，使得它们能飞往宇宙深处。而安装核动力发动机的飞船推力将更强大，续航能力更强，因此不必利用行星的引力，也不必在航线的选择上操心过多，能够有效支持大规模的空间资源勘探和开发，所以说核动力飞船是未来航天业的趋势。

来挑战吧

核能还能应用在什么地方？发挥你的想象，用你的画笔在画板中把你的想法画出来吧！